Discovery of Animal Kingdom
听恐龙讲故事

动物王国大探秘

[英]茱莉亚·布鲁斯/著　　[英]彼得·大卫·斯科特/绘　　王艳娟/译

上海文化出版社

目　录

迷人的恐龙故事从这里开始……

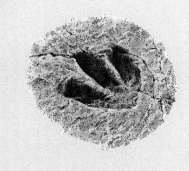

让我们一起开始这次旅行吧，

去聆听那些远古生物的迷人的故事。

你们将会知道，

在人类出现之前的漫长岁月里，

恐龙依靠什么统治了地球长达一亿六千万年。

霸王龙会告诉你他们如何对猎物穷追不舍。

你也会了解什么样的恐龙会长羽毛，

为什么这些巨大的爬行动物会走向灭绝。

你还会遇到一只能吞下一匹马的大鸟，

能看到人类祖先如何捕杀猛犸象。

如果你想知道这些事情，

请和我们一起潜入寒武纪那温暖的海水里，

去看看这一切是怎样开始的……

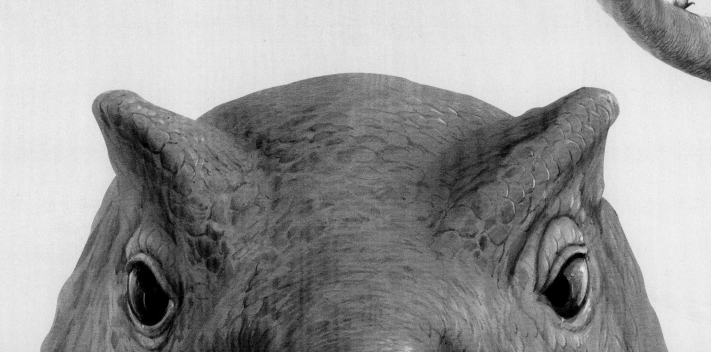

世界上最早的大型生物是什么?

如果你生活在寒武纪温暖的海水里，我肯定是你最不想碰见的动物！我是奇虾——寒武纪时期最大的食肉动物。我有你的胳膊那样长，能够吃掉海里见到的所有生物。我的前肢像钳子似的，我用它抓住猎物，然后塞进我长满尖刺的嘴里。现在，陆地上没有动物生存，所以我是当之无愧的世界之王。

接下来，你将会看到水母。在海洋里，即使你对其他海洋生物感到陌生，但我相信你一定认识水母。

当然，有些家伙很难对付，比如怪诞虫。他长着又长又尖的刺，使我只能干瞪眼看着他溜走。所以，我常常选择一些容易捕捉的猎物，比如柔软多汁的埃谢栉蚕，他可是我最喜欢的食物。不过，海里的食物太多了，我可不用担心会饿肚子。

这些威瓦亚虫身上有很多刺，很难入口。他们长着坚硬的外壳，时不时还呈现出各种鲜艳的颜色来迷惑对手。

欧巴宾海蝎有 5 只眼睛，带钩的鼻子又长又灵活，能像大象一样用鼻子吃东西。

呵呵，我是一只三叶虫，是寒武纪的海洋中最常见的生物。我们三叶虫有坚硬的外壳，脚也特别多，常常在海底四处转悠找东西吃。我的眼睛很大，由很多晶体透镜组成，能把周围动静看得一清二楚。如果捕食者想悄悄接近我，马上就会被我发现。一旦发现敌人，我就急急忙忙地钻进海底的泥沙里躲起来。

爬行动物是什么时候出现的？

我们叶鳍鱼已经知道陆地上有我们需要的食物。我们利用强有力的"鳍"来支撑身体，能够短时间地离开水面爬到岸上去吃陆地上的植物和昆虫。同时，这也是一个躲避敌人的好方法。

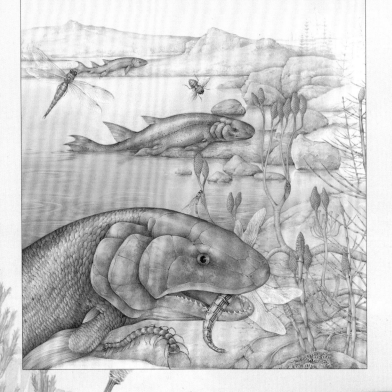

现在已经是石炭纪，整个世界温暖而湿润，此时陆地上已经有了很多生命。植物已经在陆地上生长了数百万年，到处都是巨大的树木和蕨类植物。在这片沼泽地里，生长着许多的树木。我喜欢生活在这里，因为这里有我所需要的一切。我是一只蚓螈，一种两栖动物。这意味着我的生命中有一段时间需要生活在水中，另一段时间生活在陆地上。虽然我能够呼吸空气，但我必须把我的卵产在水里。我仍然在水里进食，主要是吃鱼，但偶尔也吃蜻蜓和蜈蚣。我们的祖先也许是泥盆纪时期的叶鳍鱼。

我在陆地上爬得很慢，因为我过于笨重，而且爬行的姿势是"外八字"，样子很难看。

在这片沼泽里，很多的巨型昆虫都可以作为食物。有些蜻蜓的身体十分庞大，他们的翅膀展开后有 60 厘米长。蜻蜓也吃其他的昆虫，例如苍蝇和蜉蝣。如果我成功地抓住一只蜻蜓，那将是一盘令人愉快的开胃菜。你也许还能看到同样巨大的蜈蚣，有些甚至长 1 米多，和你的胳膊一样粗。

嗨，哥儿们，很遗憾我刚刚没抓住那只美味的苍蝇，昆虫是我的最爱，但是我也吃千足虫和蜈蚣。我是一只司林蜥，也许是这个时期附近唯一的爬行动物。看见下面的蚓螈了吗？尽管我俩长得很像，但我和他是不同的，他属于两栖动物，而我不再生活在水中。我在陆地上产卵，卵有坚硬的外壳，所以我可以把它们埋在土里保持温度，还可以提防那些偷蛋的贼。我们个头不大，只比人的胳臂长一点儿。我们总是在树间跳来跳去，或者在地上不停地奔跑，到处寻找可以吃的东西。

7

食草恐龙是怎样生存的？

现在是侏罗纪时期，陆地上生活着很多巨型的爬行动物，例如我们恐龙。嗨！我是吃草的马门溪龙，来自中国。我的脖子很长很长，这样我就可以吃到很高的枝丫上的嫩芽。我有时也吃一些小型植物和水生植物，但我更喜欢吃那些大型蕨类植物。我的个头儿太大，需要吃很多叶子，所以我还得吞下一些小石头。这些小石头可以把我胃里的叶子磨碎，使它们更容易被消化。

看！我的牙齿就像小铲子一样，这样我可以轻易地把树叶剥下来。

这些小翼龙可不是在我长长的脖子上玩耍，而是在给我帮忙——把我脖子上的小虫子捉出来吃掉。这些小虫子十分令人讨厌，能够摆脱他们真舒服。

在沙里打个滚，是摆脱那些小虫子的另一个好办法，感觉真是舒服极了！

我的孩子们喜欢这些蕨类植物的嫩叶,他们也能轻易吃到这些叶子。因为我们太庞大,所以每天我们都要吃很多叶子。孩子们在慢慢长大,脖子也会慢慢变长,那时的他们就有了世界上最长的脖子,至少有14米长。

我们这一大群恐龙需要吃很多的食物。一旦附近的东西吃完了,我们就得去其他地方找吃的。这个迁徙的过程是十分危险的。在迁徙过程中,我们那些老弱病残的伙伴,就很容易被捕食者吃掉,还有的活活饿死或者活活累死了。尽管如此,我们大多数还是能够坚持下去,直到找到新的食物。

小恐龙是什么样子的?

我是慈母龙，是鸭嘴类恐龙的一种。我们生活在北美，数量超过了 10000 只。我现在还是一只小恐龙，只有几个月大，所以这个世界对我来说十分地陌生。下面就让我给你讲讲关于我们慈母龙的故事。你知道我们为什么叫慈母龙吗？这是因为我们的妈妈非常有爱心。妈妈在下蛋之前，会选择一个好地方做窝，最好的地方要有温暖并且柔软的泥巴，还要靠近其他恐龙的窝，这样会很安全。

妈妈产下了 25 个蛋，这些蛋都有坚硬的外壳，每个都有小甜瓜那么大。出壳之前这里就是我们的家，妈妈仔细照顾着我们，我们就在蛋里慢慢长大。我很快就要破壳而出了！

妈妈需要先堆起一个大土墩，然后在土墩上挖个坑把蛋放进去。

妈妈还会在蛋上面盖上叶子和其他植物，这样可以起到保暖的作用。

尽管有妈妈的照顾，可还是会有一些偷蛋吃的贼恐龙。这些贼个头并不大，他们鬼鬼祟祟地跑过来，打破蛋壳，吃掉我们。幸运的是，我的妈妈会全力保护我们，一旦发现偷蛋贼，就把他们赶跑。

瞧！这就是我和我的兄弟姐妹们破壳而出时的模样。首先，我们在头顶打个洞，然后慢慢地爬出来。刚孵化出来，我们就和父母一模一样，而且一开始就能自己走路。经过这一番折腾，我们都有些饿了。

幸运的是，我们的妈妈知道我们很饿，给我们准备了很多好吃的。妈妈找来了很多新鲜的嫩芽，因为所有的鸭嘴类恐龙都是吃草的。妈妈会一直喂养我们，直到我们长到差不多1米长，能自己照顾自己的时候。当我们成年后，能有9米长呢。

这是现在的我。我在队伍的中间，跟在妈妈的后面。我已经长大了，可以和大家一起生活了。现在，我们需要离开老家，去别的地方寻找食物。我们要一直走，直到找到合适的地方。我们走得很快，一旦发现危险，就能够用后腿蹬地加速逃走。我们选择群居的生活，这可以保证我们的安全，防备那些可怕的敌人，例如伤齿龙和阿尔贝塔龙。

为什么有的恐龙是集体猎食？

你想了解一下白垩纪时期最小的食肉恐龙吗？我就是。我叫恐爪龙，这个名字意味着我的爪子非常厉害。相对于我们的猎物，我们也许并不大，但是我们能够轻易地干掉比我们大好几倍的猎物，这是因为我们知道怎样集体猎食。

这是一头腱龙，也是我们的美餐。我们藏在草丛中，悄悄地靠近他。等我们把他包围起来时，就一哄而上干掉他。

我们得合理地挑选猎物。比如这只腱龙，他年纪很大了，而且脱离了他的族群。即使这只腱龙跑得很快，他也照样逃不出我们的手掌心，因为他已经被我们包围了。看！我冲在最前面，跳上了他的后背，用我锋利的爪子戳入他的身体，我的伙伴们立刻从四周扑了上来。

瞧！这就是我们的秘密武器——利爪。我们的爪子极其锋利，每一只后爪上都有尖尖的钩子。因为这些钩子太大了，当我们奔跑的时候，我们不得不把它抬起来。而当我们捕食的时候，我们就把爪子插到猎物的肉里。我们不需要用爪子割开猎物的皮，只需要把爪子插进去就好。腱龙的弱点是他们的脖子，那里有一根大血管，只要把那根血管扎破，他们就会因为流血过多而死。

尽管我们跑得很快，我们的牙齿和爪子也很锋利，但我们不可能单独击倒猎物。腱龙用他们的尾巴就可以很轻松地打倒我们中的任何一个，甚至能够把我们踩死。但是，如果伙伴们一起上，他就毫无办法了。击败这样一只大家伙只要几秒钟的时间。这个膘肥体壮的家伙，足够让我们和孩子们吃好几天的。

我们强有力的后腿能够让我们更快更灵活地奔跑。我们的尾巴长长的、直直的。当我们高速急转时，尾巴可以让我们保持平衡而不会摔倒。

恐龙怎样保护自己？

为了对付异特龙那样的"动物"杀手，我们食草类恐龙必须要学会保护自己。我是一只剑龙，生活在侏罗纪晚期的北美洲。那些捕食者如果想拿我去当晚餐，那他们就得小心了。虽然我的动作有点慢，但是我的尾巴是一件可怕的武器，而且我的皮又厚又硬。所以，如果不打上一架，我是绝对不会认输的。

我是一只禽龙，是一种食草类恐龙，通常情况下是不喜欢打架的。我的体格很庞大，也有很大的力气，并且能用两条腿走路。看！这里有一只高棘龙，正想吃我呢。在打架的时候，我可以用我的前爪戳他，因为我的前爪很锋利。

哎呀！希望我击中他了！我的尾巴很厉害，顶端有很多骨刺，可以重重地给他一下。看到我后背上的骨板了吗？那并不是我的"盔甲"，而是用来控制体温的。瞧！骨板上面有很多血管，当我晒太阳的时候，我就把这些骨板朝向太阳，这样可以充分吸收热量。

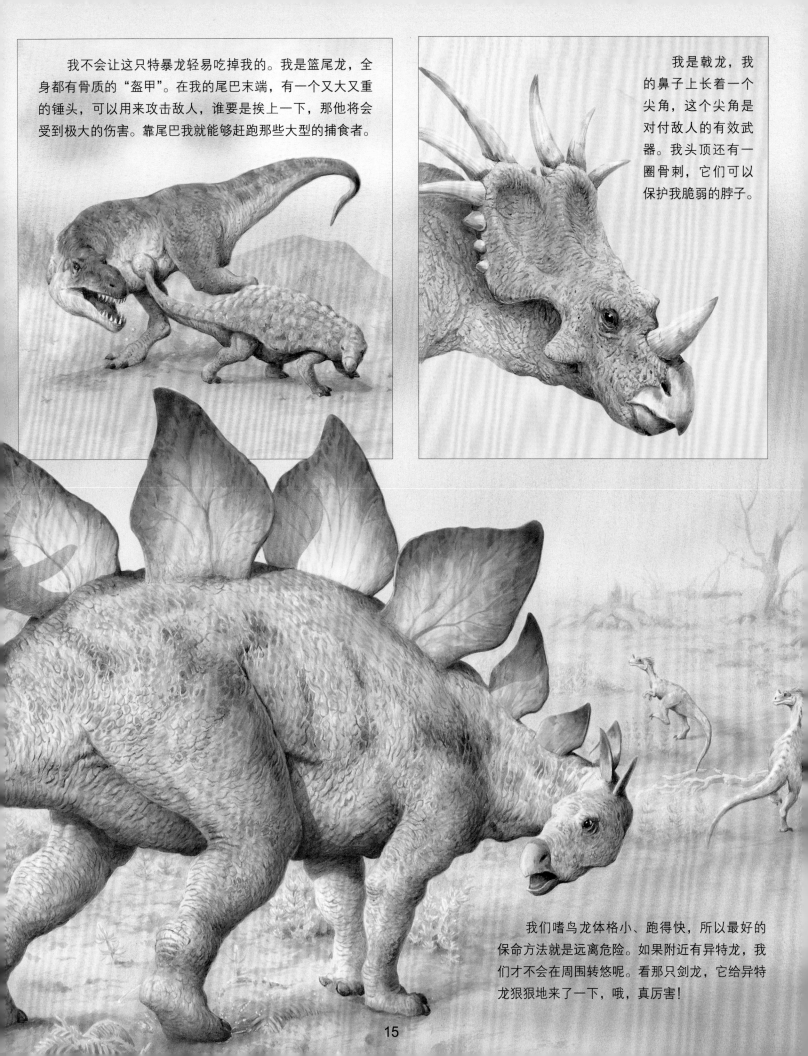

我不会让这只特暴龙轻易吃掉我的。我是篮尾龙，全身都有骨质的"盔甲"。在我的尾巴末端，有一个又大又重的锤头，可以用来攻击敌人，谁要是挨上一下，那他将会受到极大的伤害。靠尾巴我就能够赶跑那些大型的捕食者。

我是戟龙，我的鼻子上长着一个尖角，这个尖角是对付敌人的有效武器。我头顶还有一圈骨刺，它们可以保护我脆弱的脖子。

我们嗜鸟龙体格小、跑得快，所以最好的保命方法就是远离危险。如果附近有异特龙，我们才不会在周围转悠呢。看那只剑龙，它给异特龙狠狠地来了一下，哦，真厉害！

15

有长羽毛的恐龙吗？

我是一种很稀有的恐龙，被人们称为镰刀龙，生活在中国。虽然我全身长满羽毛，但是我却飞不起来。我的脑袋很小，嘴巴却很大，前肢还长着巨大的爪子。我食量很大，要吃很多草。我用爪子拽住树枝，然后把树叶塞到嘴里。听！传来了一阵可怕的声音，好像是个危险的大家伙，大伙都跑了，我也得跑远点。

我是一只始祖鸟，是最早的鸟类之一。我生活在欧洲，并且很像我的恐龙祖先。我有尖尖的牙齿，爪子长在翅膀上，尾巴是骨头组成的。最重要的是，我有羽毛，所以我能飞！

当我被捕食者攻击的时候，我能够用我长长的爪子保护自己，我也用我的爪子来和其他雄性镰刀龙打架。

我们是尾羽龙，身上长有羽毛，尤其是尾巴上的羽毛，特别漂亮。虽然我们看起来像鸟，但我们还是属于恐龙。

和始祖鸟一样，我们孔子鸟也是鸟类。雄性的孔子鸟长着长长的尾巴，像彩带一样，可以用来吸引雌性的孔子鸟。我们翅膀上长有爪子，可以帮助我们在树上活动，如果仅仅靠我的后爪，是不太适合在树上活动的。

我是来自中国的伶盗龙。我的血是热的，因为我的羽毛能够保持我的体温。虽然我飞不起来，但是我跑得很快。我的牙齿也很锋利，后肢上还有弯弯的爪子，这样我可以抓伤我的猎物。说到猎物，现在我遇到了点麻烦。这只原角龙很不好对付，现在我的速度帮不了我了，他好像比我强壮一些，希望锋利的牙齿和爪子能够帮我赢得这场战斗。

有会飞的爬行动物吗？

飞过海面上空，我没有发现什么可以吃的。我是天空的主宰之一，生活在白垩纪晚期的北美洲。我是无齿翼龙，听我的名字就可以知道我有翅膀但是没有牙齿。我并不是恐龙，但是我和霸王龙、三角龙那些大家伙生活在同一时期。我也不是鸟，而是一种翼龙，或者说是能飞的爬行动物。我主要吃鱼，当我掠过海面时，我会瞄准水里的鱼，一下子把嘴插到水里，叼起鱼就走。我和其他翼龙不一样，我没有牙齿，所以我不得不把鱼整个儿吞下去。

我们是侏罗纪的真双齿翼龙，属于早期翼龙中的一种。我们也吃鱼，但是我们嘴里没有尖利的牙齿。我们的尾巴长长的、硬硬的，还有个菱形的尾梢，它可以帮助我们在空中保持平衡。

瞧！我的牙齿多长，而且向前伸出，所以我能轻松地抓住水面下的鱼。我是嘴口龙，特别喜欢沿着河抓鱼吃。我的喉咙里有个袋子，如果我不想立即吃掉我抓到的鱼，我就可以把鱼放到这个口袋里。这样，我可以带许多鱼给我的孩子们吃。我没有无齿翼龙那么大，比他们小四分之一，而且我一般都是扇动翅膀飞行，并不像无齿翼龙那样展开翅膀滑翔。

大多数时间里，我都是伸直了翅膀，在水面上空滑翔。像这样，我能一直飞好几个小时。在天空中，我可以看到美丽的景色。看，下面那只蛇颈龙刚刚浮出水面！和天空中的我相比，陆地上的我看上去笨笨的，走路都不稳当，因为我的腿很脆弱，所以我不得不手脚并用地移动我的身体。

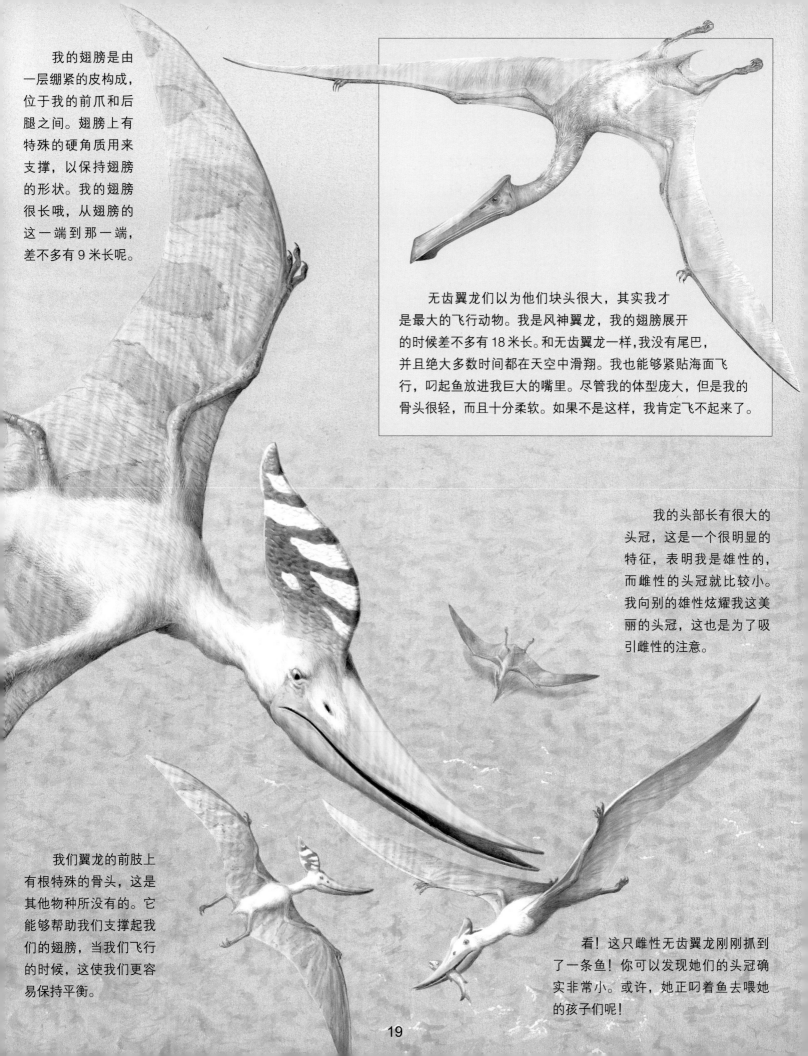

我的翅膀是由一层绷紧的皮构成，位于我的前爪和后腿之间。翅膀上有特殊的硬角质用来支撑，以保持翅膀的形状。我的翅膀很长哦，从翅膀的这一端到那一端，差不多有9米长呢。

无齿翼龙们以为他们块头很大，其实我才是最大的飞行动物。我是风神翼龙，我的翅膀展开的时候差不多有18米长。和无齿翼龙一样，我没有尾巴，并且绝大多数时间都在天空中滑翔。我也能够紧贴海面飞行，叼起鱼放进我巨大的嘴里。尽管我的体型庞大，但是我的骨头很轻，而且十分柔软。如果不是这样，我肯定飞不起来了。

我的头部长有很大的头冠，这是一个很明显的特征，表明我是雄性的，而雌性的头冠就比较小。我向别的雄性炫耀我这美丽的头冠，这也是为了吸引雌性的注意。

我们翼龙的前肢上有根特殊的骨头，这是其他物种所没有的。它能够帮助我们支撑起我们的翅膀，当我们飞行的时候，这使我们更容易保持平衡。

看！这只雌性无齿翼龙刚刚抓到了一条鱼！你可以发现她们的头冠确实非常小。或许，她正叼着鱼去喂她的孩子们呢！

有在海里生活的爬行动物吗？

现在是侏罗纪的晚期，地球上绝大部分地区都是汪洋大海。我是海中最大的捕食者之一。虽然我的名字叫长头龙，但我并不是恐龙，我是一种生活在海里的爬行动物。尽管我生活在海里，但我还是需要新鲜空气的，所以我得时不时浮到水面去换口气。

瞧！这些鱼龙也是肉食性的爬行动物，他们主要吃鱼和鹦鹉螺。

我的嘴很大，前排是尖牙，后面是钝牙。我先用尖牙咬住食物，例如鱼、乌贼或者是鱼龙等其他爬行动物，然后用后牙咬碎鹦鹉螺的硬壳，他们可是我最喜欢吃的食物了！我的眼睛长在前面，这使我能够看清我的猎物，并且紧紧地跟在后面抓住他。

嗯！这些鹦鹉螺真好吃！他们就像小乌贼一样软软的，藏在螺旋状的壳里。他们靠吃海底的海百合为生，经常成群结队地到处漂，这使我一口可以吞下很多鹦鹉螺。

20

我的尾巴很短，但是我有 4 个强有力的鳍，可以帮我在海里游泳。游泳时，我的前鳍下压，同时抬起我的后鳍，看起来我就像在水里飞行一样。当我们繁殖下一代的时候，我们的鱼鳍也很有用。长头龙都需要把蛋产在陆地上，所以雌性长头龙需要爬上陆地，用鱼鳍支撑住自己的身体，然后在沙地里下蛋。

这是另外一种爬行动物，是我的亲戚，名字叫作蛇颈龙。他的脖子比我的长，头却比我的小。这只蛇颈龙很小，他们能够长到现在的 3 倍大。他们也喜欢吃鹦鹉螺，蛇颈龙可以用他们长长的牙齿，把小鱼、浮游生物、乌贼和鹦鹉螺从水中筛选出来，然后吃掉。

21

霸王龙是怎样猎食的?

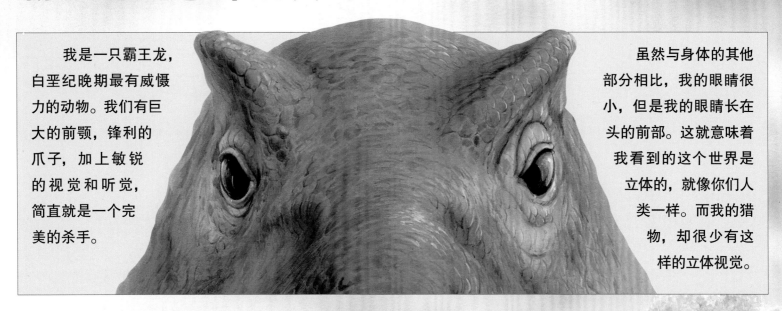

我是一只霸王龙,白垩纪晚期最有威慑力的动物。我们有巨大的前颚,锋利的爪子,加上敏锐的视觉和听觉,简直就是一个完美的杀手。

虽然与身体的其他部分相比,我的眼睛很小,但是我的眼睛长在头的前部。这就意味着我看到的这个世界是立体的,就像你们人类一样。而我的猎物,却很少有这样的立体视觉。

我经常抢占别的捕食者正在享用的猎物,然后自己美餐一顿。我有一个大鼻子,嗅觉很灵敏,我可以闻到几公里外的动物尸骨的味道。但是,这并不表示我会轻易放弃捕抓活物的机会。现在,我瞄准了远处的一群三角龙。首先,我会仔细观察那群猎物,我短跑跑不快,长跑跑不远,所以我不能浪费体力去追赶他们。我在等待,等待合适的机会。

瞧,我发现了一只掉队的小三角龙,这将是多么美味的一餐啊!

机会来了！我突然蹦了出去，用我的脚踩住这只小三角龙，然后用我的大嘴咬碎他的骨头，这样他就跑不掉了。

我的头又大又重，所以我能用我的头撞倒我的对手。虽然我的前肢很短小，但是我可以用锋利的爪子牢牢抓住猎物，然后美餐一顿。

我的牙很长很锋利，就像匕首一样，这使我很容易就能干掉他，这只小三角龙肯定是我的盘中餐了。希望我能够安静地独自享受这顿晚餐，很少有别的恐龙敢偷吃我们的食物，尤其是在我的眼皮底下，除非是另一头霸王龙。我们霸王龙常常会为了食物而自相残杀，甚至吃掉自己的同类。

23

恐龙是怎样灭绝的?

很久以前,当我还是一只小爱德蒙脱龙的时候,这里到处都是植物和水,头顶的天空也是很蓝的。我和伙伴们平静地生活在一起。突然有一天,天空中闪现出强光,接着是巨大的爆炸声。从此,天空就变暗了。我们以前看到的那个太阳变暗了,就像一个白色的盘子挂在天上。大多数时间里,天空都是阴沉沉、雾蒙蒙的,这是我们从来没有见过的。自从那次爆炸后,所有的植物都停止了生长。我们吃光了附近所有能吃的东西,所以不得不长途跋涉去寻找新的食物。可是现在到处都是一片荒凉的景象,我的很多伙伴都饿死了。这时,火山也爆发了,火山灰和熔岩杀死了很多伙伴。更糟糕的是,天气很冷,再没有太阳的温暖,恐怕我们都活不下去了。

鸟类把死掉的恐龙吃了个干净。那些长有毛皮的哺乳动物,似乎更能保持温暖,而我们却在挨饿受冻。

一道强光划破天空。以前我们看见过流星，但是这次似乎更大。这个流星击中了大地，远处传来了爆炸声，有点像打雷，但是比打雷响多了。

记得我还是小恐龙的时候，这里有很多食物，一群三角龙和我们分享同一个水源，附近还有很多其他的恐龙。但那次闪光之后，一切都改变了。水源干涸了，雨水也越来越少，天气也越来越冷。

这里没有吃的，也没有喝的了。食肉类恐龙似乎要好一些，他们捕食更容易了，因为我们越来越虚弱。但是，如果我们都死光了，他们还能吃什么呢？

哪种大鸟可以吞下一匹马？

白垩纪结束了，现在是第三纪。恐龙时代过去了，生活真美好。现在不再有那些可怕的暴龙，以及那些行动迟缓的吃草的大家伙。取而代之的是哺乳动物，他们身体温暖，覆盖有毛皮，而且他们很美味。看，这就是我！我叫不飞鸟，也叫戈氏鸟。现在，我是这里最大的捕食者，也是最厉害的。我属于鸟类，你可以看见我的嘴巴以及羽毛，都和普通的鸟很相似，但是你绝对没有见过像我这么大的鸟吧。我至少有2米高，重半吨以上。但是，我的翅膀与我的身材相比，又太小了。很显然，我太大了，并不适合飞行。但是我的力量很强大，我腿上的肌肉非常发达，这使我跑得飞快，使捕猎变得轻而易举。

这些可笑的小马叫作始祖马。他们如果被我发现，就毫无逃脱的机会。我们用巨大的嘴可以轻而易举地抓住他们。

尽管我们看起来又大又笨，但我们的骨头却很轻，这可以让我们跑得很快。当我叼着猎物跑的时候，我的小翅膀和尾巴能帮助我保持平衡。我的嘴很有劲，只要稍稍用点力，就可以咬碎我的食物。

始祖马成群结队地生活在一起。他们个子很矮，只有半米高，只能吃些灌木和低矮植物的芽。他们的牙齿很平，能够帮助他们磨碎那些坚硬的叶子。他们是跑不过我的，所以他们只能变成我的盘中餐。

冰河时期生活着哪些动物？

我们生活在一个寒冷的世界里。北极的冰层不断向南扩展，地球好像被冻住了。树木没法在贫瘠的土地上生长，一年到头都非常冷。这片土地被称为苔原，仅仅长着一些草和矮矮的树，动物们都长着厚厚的毛皮来保暖。我是一只长毛猛犸象。我们的大小和普通的大象差不多，但是我全身覆盖着长长的毛，弯曲的长牙使得我们看起来比大象还大。我用我的长鼻子拨开草上的雪，寻找可以吃的东西。雄性猛犸象还用鼻子打架。我们的族群里只有雌性猛犸象和小象，我是这个族群的老大，因为我是最大的，也是最有经验的雌猛犸象。

这些动物很奇怪，他们只有 2 条腿，看起来很弱小，对我们好像构不成威胁。哈哈，你被骗了，虽然他们看起来很弱小，但是却很聪明。他们知道怎样生火，知道怎样把木头削尖来狩猎。他们是原始人，也是这个苔原上唯一敢捕食像我这样的大块头的捕食者。

这是我的儿子，他只有几个月大。他要长到我这么大，至少需要 10 年。运气好的话，他能够活到 80 岁。等他长大了，能够照顾自己的时候，他就必须离开我们这个族群独立生存。

我们吃东西的时候，用灵活的鼻子卷起草或其他东西塞进嘴里。

我们是剑齿虎,生活在南美洲。与北边寒冷的天气相比,这里比较暖和,所以到处都是食物以及饥饿的捕食者。我们这一群剑齿虎正打算吃掉那些后弓兽。他们长得有点像美洲驼,但是他们有长长的鼻子。在打猎之前,我们首先要确定一个目标,得找一个年幼的,或者是年老的,然后再冲上去干掉他。

就像我一样,这只披毛犀也习惯了在寒冷的天气里生活。他有两层软毛,一层在表面,长长的,蓬松的;一层在里面,软软的,厚厚的。他们的毛既可以保暖,也可以防止雨雪弄湿身体。和我一样,他们只吃草和其他植物。他们的长角不是骨质的,也不是角质的,而是由一些硬毛构成的。

天气特别冷,这时候你就需要大量的热量来保持体温,而我们洞熊的应对方法就是冬眠。当天气最冷的时候,我们就躲在温暖舒适的小窝里睡觉。在温暖的夏季和秋季,我会吃很多很多东西,这样我就有了一层厚厚的脂肪,这层脂肪能够给我提供营养,帮我度过寒冷又漫长的冬季。

化石是怎样形成的？

我们的故事很长很长，得从一亿六千万年前的一次灾难讲起。我们是马门溪龙，一种巨大的食草类恐龙。我们有长长的脖子和尾巴。我们的个头很大，腿有树干那么粗。我生活在白垩纪晚期的中国，我们的族群很大很大，有很多的兄弟姐妹（你可以在第8页看到详细介绍）。每年我们都要进行大迁徙，去寻找更多的食物。

有一年，我们需要穿过峡谷底部的一条溪流。当我们经过小溪的时候，突然下起了大雨。山洪暴发了，我们来不及逃走，被冲进了水里。我和我的兄弟们都被淹死了，尸体被埋在洪水过后的泥土中，我们的肉体开始慢慢腐烂，只留下骨头和牙齿。

泥沙越来越多，我被越埋越深。最后，我的骨头也就慢慢地变成了石头。

我的骨架在泥土中平静地躺着，躺了几百万年。河流渐渐消失，土地变成了荒漠。慢慢地，经过风吹雨淋，盖在我骨架上面的石块和泥土被弄走了。终于，我的骨架有一部分露了出来。有一天，一个小男孩在找化石的时候发现了我。他很高兴，并告诉了恐龙博物馆的馆长。我的骨架被仔细地挖掘出土。根据我的化石，古生物学家们能够发现我们在一亿六千万年前的生活到底是什么样子的。

并非所有的化石都是由骨头、牙齿或者硬壳变成的。有一些化石就很不可思议，它们是被一层树脂覆盖着的远古的昆虫，这种化石被称为琥珀。这些树脂是远古时期的树木分泌的，一些昆虫很倒霉，正好在树脂流下的时候被裹了进去，形成了琥珀，完好地保存了史前动物的一些细节。

瞧！这是脚印化石。这是我留下的。我经过一片软泥时留下了脚印。这些软泥慢慢地变硬，最后变成了石头，脚印被保存了下来，直到现在还能看得一清二楚。

恐龙小辞典

■寒武纪

从5亿4000万年前开始，到5亿年前结束。这个时期地球上出现了复杂的生命体。

■泥盆纪

从4亿1000万年前开始，到3亿5500万年前结束。这个时期陆地上出现了植物、昆虫和鱼类。

■石炭纪

从3亿5500百万年前开始，到2亿9500万年前结束。这个时期地球上出现了爬行动物。

■侏罗纪

从2亿零300万年前开始，到1亿3500万年前结束。这个时期恐龙统治了地球，鸟类开始出现。

■白垩纪

从1亿3500万年前开始，到6500万年前结束。这个时期地球上出现了巨大的恐龙。

■第三纪

从6500万年前开始，到175万年前结束。这个时期哺乳动物统治了地球。

■大灭绝

指完全的灭绝。所有恐龙在白垩纪末期全部灭绝。这可能是由于气候剧变，或者是因为一个巨大的陨石撞到了地球上。

■冰河时期

在地球的历史上，某些时期内全球气温普遍下降，整个陆地和海洋都被冰层覆盖。

■迁徙

为了寻找食物或者找到适合的地方繁殖后代，某些动物会随着季节的变化而大规模转移。

■树脂

一些植物在生长过程中分泌的一种有机物。

■化石

化石是生活在遥远的过去的生物的遗体或遗迹变成的石头。